中国航天科工二院二〇八所 组织审定

空天宝贝探索吧

马倩／主编

郑焱 唐纹 谢露茜／著

王柯爽 郭真如／绘

③卫星太空大聚会

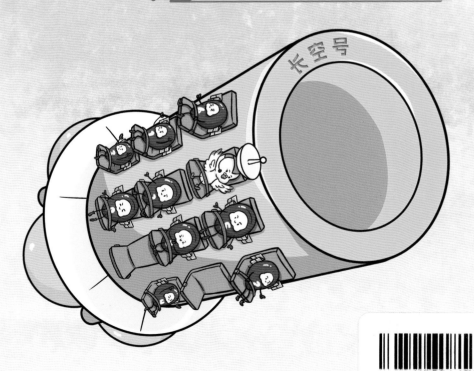

电子工业出版社·

Publishing House of Electronics Industry

北京·BEIJING

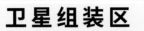

卫星组装区

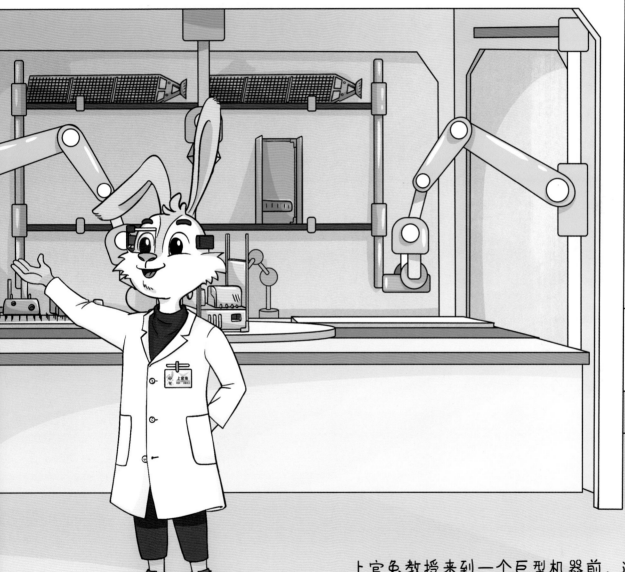

上官兔教授来到一个巨型机器前，这个大家伙正在制作导航卫星的零件。天宝、小朵仔细一看，原来这是一台3D打印机啊。

随着卫星的各部分零件在组装区内组装完成，一个导航卫星出现在大家的面前。

上官兔教授介绍道："这就是导航卫星'参北斗家族'的一员。"

它摇身一变，眨眨眼睛，跟大家打招呼："朋友们，你们好啊，我是导航卫星——参北斗一号。"

参北斗一号说："大家都知道利用北斗七星能辨别方向，所以北斗七星就是最早的导航工具。而我们参北斗家族可比北斗七星强大多了，只要告诉我们一个目的地，我们就能带你们到达。"

小朵开心地说："那你一定知道怎么到达陨石所在的地方啦！"

参北斗一号自信地点了点头。

上官兔教授说："参北斗一号到了太空中，就能大展身手了！"

小朵佩服地说："真厉害啊，可我有点儿担心，太空这么高，它会不会掉下来呢？"

上官兔教授摆了摆手，说："当然不会！"

说完，他拿起一根绳子挥动起来。绳子的另一端是一颗金属球，随着挥动速度越来越快，金属球开始在空中转起圈来。

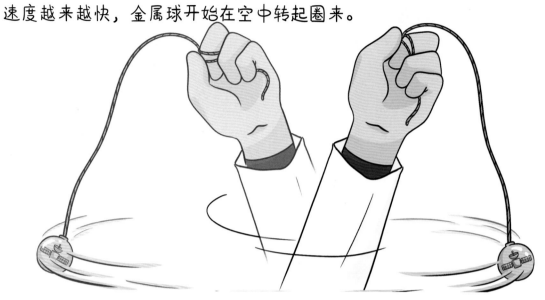

上官兔教授解释道："地球对卫星的引力就像这根绳子对金属球的拉力，卫星只要速度够快，就会像金属球一样一直在空中飞。"

上官兔教授笑眯眯地说："一会儿啊，卫星们就要乘坐火箭去太空了，金桂一号火箭已经升级啦，你们快去欧阳龙教授那里瞧瞧吧！"

天宝和小朵十分期待。

天宝、小朵与上官兔教授告别后，驾驶光速蜗牛来到火箭发射场。他们看到广场上有一个巨大的金桂二号火箭，欧阳龙教授正在指挥安装卫星。

天宝和小朵齐声问好道："欧阳龙教授，好久不见！这个金桂火箭好高大啊。"

欧阳龙教授向他们招了招手："天宝、小朵，你们来了！哈哈，金桂二号火箭能搭载三十颗卫星'乘客'呢。"

欧阳龙教授指了指："看，卫星'乘客'们也来啦。"

熟悉的身影出现了……

宇宙鸽、追风、伽马探针都出现在了广场上。

还有一条长长的队伍浩浩荡荡走来，是参北斗家族！

参北斗一号说："正式介绍一下，我们是参北斗家族，这是我的好兄弟们，参北斗二号、三号、四号、五号……我们将在太空不同的位置站岗，齐心协力做好导航工作。"

小朵感叹道："参北斗家族好庞大啊！"

点火起飞！金桂二号火箭携带卫星逐渐离开地球表面，一二级分离，抛整流罩。至此，金桂二号火箭使命已经完成，剩下的任务就交给它的神秘搭档——"长空号"上面级了！长空号与火箭分离，继续前进，随后到达第一站——低地球轨道。追风和伽马探针被释放出来，然后长空号带领其他卫星继续远航。

不久后，长空号来到第二站——中高地球
轨道，参北斗家族被释放到了这里。

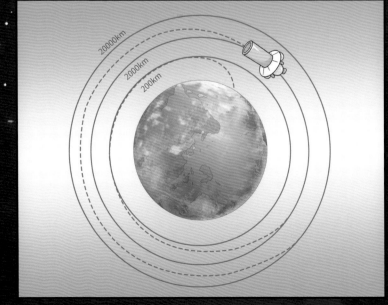

长空号继续前行，最终抵达终点站——地球
静止轨道，并将宇宙鸽放在这里。

辽阔太空，
尽收眼底！

兄弟同心，
其利断金！

卫星们一到达各自预定
的轨道，就开始辛勤地工作，
展开太阳能帆板，在阳光的照
射下，像鸟儿一样翱翔在宇宙
中，围绕地球转动。

火箭升空后，发射场逐渐安静下来。夜
空群星点点，天宝、小朵和蜜枣抬头凝望，
想想卫星们正默默地完成自己的任务，不会
发光的它们比星星更闪耀。

上官兔教授拿着一台摄像机走来，跟大家说："你们是不是想念卫星们了？不用担心，我已经算好卫星经过的时间，现在我们就可以拍摄到卫星了。你们看！"

小朵："天宝快来看啊，卫星真的飞过来了！"

蜜枣："喵呜！"

3D 打印技术

　　3D 打印技术，又称为增材制造技术或堆积技术，是近年来迅速走红的一项技术。只需要一台 3D 打印机，我们就可以把电脑里绘制的任意复杂的结构变为可以直接触摸到的实物。随着增材制造所使用的材料由塑料扩展至金属，3D 打印也已经成为航天制造业的一项重要技术。俄罗斯"托木斯克–TPU120"卫星是世界上第一颗由 3D 打印制做出的卫星。

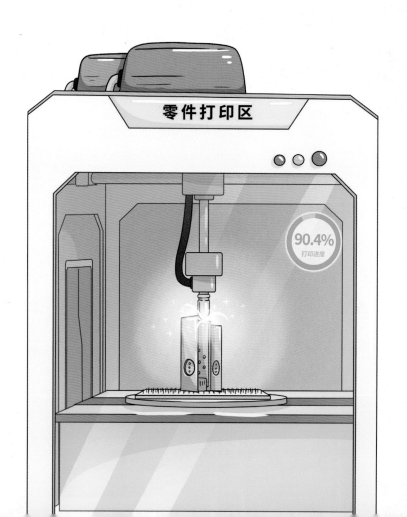

导航卫星

导航卫星是利用卫星播发的无线电信号，为地面、海洋、空中和太空进行导航定位的卫星。卫星导航以卫星为太空基准点，向用户终端播发时间、坐标和运动等信息的无线电信号，从而确定用户的时间、位置、方向、速度等，它不受气象条件、航行距离的限制，导航精度极高。北斗卫星导航系统是我国自主建设运行的全球卫星导航系统。

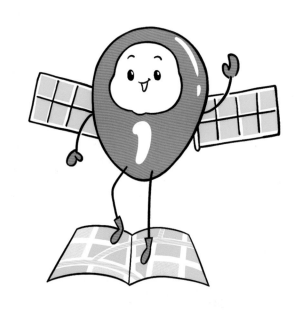

北斗七星

北斗七星的形状像是一只汤勺，其中 4 颗星组成勺口，另外 3 颗星组成勺柄。如果将北斗七星中的天枢和天璇之间的连线向北方延长 5 倍的距离，就会指向北极星。北极星位于地轴北端的延长线上，所以它总是出现在北天星空的正北方向上，因此常被用来辨别方向。

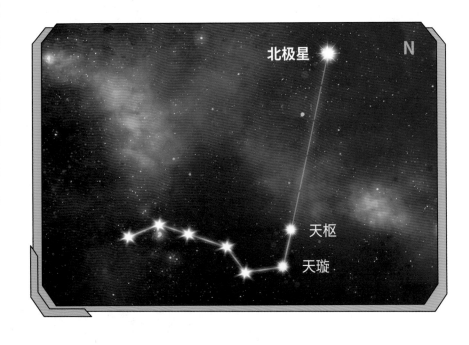

万有引力和圆周运动

任何两个有质量的物体之间都存在一种力，牛顿把这个力命名为"万有引力"。万有引力和圆周运动是一个非常奇妙的组合，所有做圆周运动的物体都会受到向心力的作用。地球和人造卫星之间的万有引力提供卫星圆周运动的向心力，两者相等。也就是说，当人造卫星发射出去以后，以一定速度围绕地球运转，运转所需的向心力与地球对它的引力相当，使得卫星作圆周运动，而不会落回地面。

一箭多星技术

一箭多星，即用一枚运载火箭同时或先后将数颗卫星送入地球轨道的技术。一箭多星是一种优越的发射方式。一箭多星的发射成功，标志着运载火箭能力的提高和火箭与卫星分离技术上的新突破，可以提升发射效率、降低发射成本。

卫星们可以"拼车"上太空，多亏了这项技术呢！

卫星轨道

　　卫星轨道是一条封闭曲线，而这条封闭曲线形成的平面称为人造地球卫星的轨道平面，轨道平面总是过地心的。根据卫星运行的高度，卫星轨道分为如下三类：低轨道，卫星飞行高度在 200 千米～ 2000 千米；中轨道，卫星飞行高度在 2000 千米～ 20000 千米；高轨道，卫星飞行高度大于 20000 千米。

　　卫星在顺行轨道上绕地球运行时，其运行周期（绕地球一圈的时间）与地球的自转周期相同，这种卫星轨道叫地球同步轨道。如果地球同步轨道卫星在地球赤道上空离地面 35786 千米的轨道上绕地球运行，那么，它绕地球运行的角速度将会与地球自转的角速度相同，从地面上看去该卫星好像是静止不动的，这样的卫星轨道叫地球静止轨道。

　　宇宙鸽就是在地球静止轨道上呢！

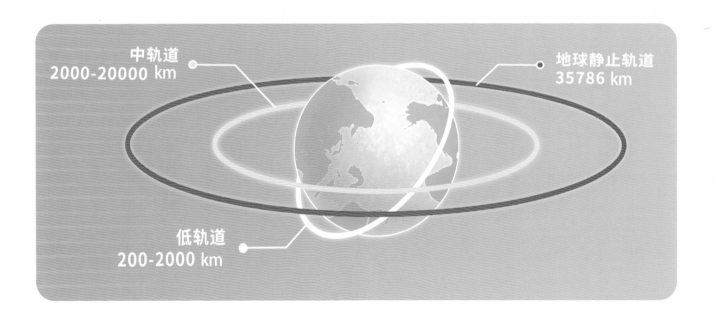

上面级

上面级是多级火箭的第一级以上的部分。上面级由运载火箭发射进入停泊(待机)轨道后，依靠所携带的发动机将载荷送入工作轨道。上面级工作起点和终点都在太空中，且在轨时间可多达数天，因此要求具有热控等类似航天器的分系统，故兼具运载器和航天器的技术特性。先进的上面级具有多次启动点火能力，可以将一个或多个载荷送往预定轨道，可大大节省航天器所携带燃料，常被称为"太空摆渡车""太空巴士"。典型的上面级包括美国的"阿金纳"上面级、俄罗斯的"微风M"上面级、欧洲的EPS上面级、我国的"远征一号"上面级等。

"长空号"上面级是一种先进的空间轨道转移器，但是它具有目前上面级无法实现的功能，即从低、中、高轨道依次释放卫星，它是幻想中的未来航天器。

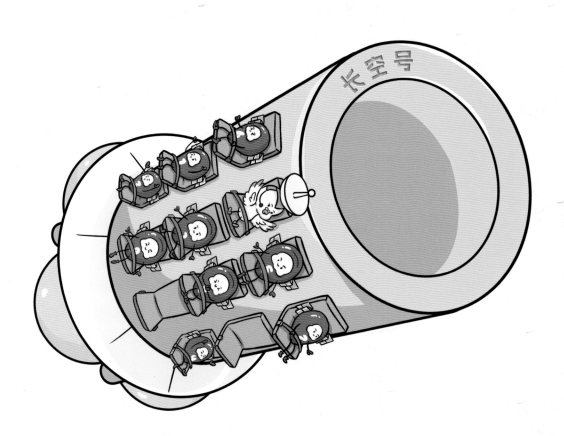

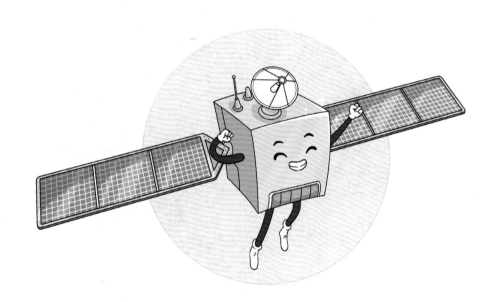

图书在版编目（CIP）数据

空天宝贝探索吧.3,卫星太空大聚会 / 马倩主编；
郑焱,唐纹,谢露茜著；王柯爽,郭真如绘. -- 北京：
电子工业出版社, 2025.1. -- ISBN 978-7-121-49008-8

Ⅰ. V4-49

中国国家版本馆CIP数据核字第2024XF7734号

责任编辑：赵　妍
印　　刷：河北迅捷佳彩印刷有限公司
装　　订：河北迅捷佳彩印刷有限公司
出版发行：电子工业出版社
　　　　　北京市海淀区万寿路173信箱　邮编：100036
开　　本：889×1194　1/16　印张：14.25　字数：84.175千字
版　　次：2025年1月第1版
印　　次：2025年1月第1次印刷
定　　价：148.00元（全5册）

凡所购买电子工业出版社图书有缺损问题，请向购买书店调换。若书店售缺，请与本社
发行部联系，联系及邮购电话：（010）88254888，88258888。
质量投诉请发邮件至zlts@phei.com.cn，盗版侵权举报请发邮件至dbqq@phei.com.cn。
本书咨询联系方式：（010）88254161转1852，zhaoy@phei.com.cn。